BERICHTE ÜBER DIE VERHANDLUNGEN DER SÄCHSISCHEN AKADEMIE DER WISSENSCHAFTEN ZU LEIPZIG

Mathematisch-naturwissenschaftliche Klasse
Band 102 · Heft 3

FRANZ RUNGE

ÜBER DIE POLYMERISATION UNGESÄTTIGTER ORGANISCHER VERBINDUNGEN

AKADEMIE-VERLAG · BERLIN
1957

Vorgetragen in der Sitzung vom 11. Februar 1957
Manuskript eingeliefert am 11. Februar 1957
Druckfertig erklärt am 9. August 1957

Erschienen im Akademie-Verlag GmbH., Berlin W 8, Mohrenstraße 39
Lizenz-Nr. 202 · 100/508/57
Satz und Druck der Buchdruckerei F. Mitzlaff KG., Rudolstadt/Thür. V/14/7 (276)
Bestell- und Verlagsnummer 2027/102/3
Preis: DM 1,—
Printed in Germany

Es ist nicht jedem gegeben, in wohlgesetzten Worten einen Generalüberblick über die organische Chemie und seine geschichtliche Entwicklung zu geben und damit die für die Nichtfachgenossen schwer verständliche Sprache der Chemie zu vermeiden. Ich kann heute nur versuchen, Ihnen, Herr Präsident, und Ihnen, meine hochgeschätzten Akademiemitglieder, eine Darstellung des Gebietes der organischen Chemie zu geben, wo zur Zeit mein Hauptinteresse liegt und auf dem ich glaube, durch meine Forschertätigkeit einiges Neue, und zu dessen Aufklärung ich, wie Sie bitte selbst entscheiden mögen, einiges Wesentliche beigetragen habe. Allerdings muß ich mich bei meinen Ausführungen der chemischen Formelsprache bedienen, weil dadurch letztendlich nur eine klare Darstellung und damit Verständigung möglich ist.

Wie das Thema meines heutigen Vortrags lautet, werde ich Ihnen über die verschiedenen Polymerisationsarten berichten und möchte zu Anfang gleich die Wichtigkeit der Hochpolymeren unterstreichen, da sie einmal im biologischen Geschehen eine so entscheidende Rolle spielen, denn wichtigste Stoffe der lebenden Substanz, wie Eiweiß, bestimmte Zucker, Cellulose usw., sind hochpolymer. Zum anderen ist während der letzten Jahrzehnte in der chemischen Industrie ein ganz neuer Produktionszweig entstanden, und zwar der der *Kunststoffe*, eines neuen Werkstoffes, der chemisch gesehen aus Makromolekülen besteht.

Nun richtet sich das wissenschaftliche Interesse natürlich darauf, wie entstehen solche hochpolymeren Verbindungen und wie ist ihre endgültige Konstitution, sei es in der lebenden Substanz, sei es in durch ein technisches Verfahren gewonnenen Produkten.

Diese letzteren interessieren natürlich vor allem den Technologen, und die wissenschaftlichen Grundlagen ihrer Synthesen zu erforschen, ist sein bevorzugtes Arbeitsgebiet; geht man in der Industrie doch vielfach noch empirisch vor, indem man Umsetzungen durchführt, die in den Einzelheiten aufzuklären sehr im Sinne des technischen Fortschritts zur Verfahrensverbesserung oder Schaffung neuer Kunststofftypen läge.

In den hochpolymeren Verbindungen sind alle Atome durch Hauptvalenz miteinander verbunden, welche wesentliche Erkenntnis wir in der Hauptsache dem Nobelpreisträger Staudinger verdanken.

Es ist nun so, daß sich in diesen Makromolekülen dieselben Bauabschnitte wesensgleich immer wieder wiederholen, wie die Perlen in einer Kette, die selber also das Makromolekül darstellen würde. Wie vereinigen sich aber diese Bauabschnitte, die als Grundmoleküle oder Monomere ursprünglich vorliegen, zu dieser großen Molekülkette, und wie ist deren endgültige Konstitution?

Die Hochpolymeren entstehen — und werden so auch technisch hergestellt — nach drei wesensverschiedenen Vorgängen, die man allgemein bezeichnet als die

1. *Polymerisation*, 2. *Polykondensation*, 3. *Polyaddition*.

Wir beschränken uns hier auf den Vorgang der *Polymerisation*, den man auf Grund des jeweiligen besonderen Reaktionsmechanismus in zwei verschiedene Arten einteilt:

1. Die radikalische Polymerisation
2. Die ionische Polymerisation.

Die Polymerisation setzt von vornherein ungesättigte Monomere voraus, die sich bei der radikalischen Polymerisation nach Aufnahme eines Radikals R polymerisieren:

(1) $$CH_2{=}CH_2X + R\text{—} \rightarrow R\text{—}CH_2\text{—}CH_2X\text{—}$$

Das Radikal addiert sich an die Vinyl-Verbindung, es entsteht ein neues Radikal, das wieder ein Monomeres aufnimmt, ein Vorgang, der sich beliebig oft wiederholt:

$$(2) \quad R{-}CH{-}CHX{-} \xrightarrow{nCH_2=CHX} R{-}CH{-}CHX{-}(CH_2{-}CHX)_n{-} \quad \text{usw.}$$

Die Kette wächst, bis dem Wachstum durch irgendeine Sekundärreaktion ein Ende gesetzt wird, worauf hier nicht eingegangen werden soll.

Bei der kationischen Polymerisation läßt man zum Beginn einige monomere Moleküle durch Reaktion mit Säuren oder sogenannten Ansolvosäuren in Ionen übergehen, die dann die Träger des weiteren Wachstums werden:

$$(3) \quad CH_2=CHX+HS \longrightarrow CH_3{-}CHX^{(+)}S^{(-)} \quad \textit{Ionenbildung}$$

$$(4) \quad CH_3{-}CHX^{(+)}+nCH_2{-}CHX \longrightarrow CH_3{-}CHX{-}(CH_2{-}CHX)_n^{(+)}S^{(-)} \quad \textit{Kettenwachstum}$$

Eine *Abbruchreaktion* wie bei der Radikalpolymerisation scheint es hier nicht zu geben. Sauerstoff und andere Inhibitoren der radikalischen Polymerisation sind nämlich ohne Einfluß. Aber experimentell findet man bei der kationischen Polymerisation meist nur *kurze Moleküle*, die noch dazu verzweigt sind. Wie ist dieser Befund zu klären? Offenbar muß man mit dem Eintreten folgender Reaktionen rechnen:

1. Die wachsende Kette trifft auf ein Monomeres. Dann findet unter gleichzeitiger Wanderung eines Protons Übertragung der Ladung auf das Monomere statt, das damit zum Ion wird:

$$(5) \quad \sim CH_2{-}CHX^{(+)}+CH_2=CHX \longrightarrow \sim CH=CHX + CH_3{-}CHX^{(+)}$$

Als kein endgültiger Abbruch einer Reaktionskette, sondern *Übertragung* des Reaktionsträgers.

2. Die wachsende Kette überträgt ein Proton auf den Säurerest. Dann entsteht wieder eine Doppelbindung. Der Katalysator aber ist *regeneriert* und kann eine neue Kette initiieren:

$$(6) \qquad \sim CH_2{-}CHX^{(+)}S^{(-)} \rightarrow \sim CH{=}CHX + HS$$

Also auch hier keine Vernichtung des Reaktionsträgers. In beiden Fällen würden *Doppelbindungen* am Ende der Makromoleküle sichtbar werden.

Es kann der Katalysator aber auch auf andere Weise regeneriert werden, indem nämlich eine *wachsende Kette* auf *eine andere* stößt und dieser das Proton entreißt, das zur Regeneration des Katalysators notwendig ist:

$$(7) \qquad \sim CH_2^{(+)}S^{(-)} + \overset{\wr}{\underset{\wr}{CH_2}} \longrightarrow CH_2{-}\overset{\wr}{\underset{\wr}{CH}} + HS$$

In diesem Fall tritt keine Doppelbindung auf, aber eine Kettenverzweigung.

3. Neutralisation des Kations durch ein Hydrid- oder Methidion, die von einem anderen „toten“ oder wachsendem Molekül stammen:

$$(8) \qquad \sim CH_2{-}CHX^{(+)} + \sim CH_2{-}CHX\sim \longrightarrow \sim CH_2{-}CH_2X + \sim CH_2{-}\overset{(+)}{C}X\sim$$

Das würde auch hier keine Abbruchreaktion im exakten Sinne bedeuten. Es entsteht aber neben dem gesättigten Molekül ein verzweigtes, denn das neue Ion wächst ja nun von der Mitte des ursprünglich toten Moleküls aus weiter. Ein an sich noch wachsendes Molekül würde also in zwei Richtungen jetzt größer werden. Wenn X eine Methyl-Gruppe bedeutet, könnte sie auch abgespalten werden und zur Neutralisation eines Ions dienen:

$$(9) \qquad \sim CH_2{-}\underset{\substack{|\\ CH_3}}{CH^{(+)}} + \sim CH_2{-}\underset{\substack{|\\ CH_3}}{CH}\sim \rightarrow \sim CH_2{-}\underset{\substack{|\\ CH_3}}{CH}{-}CH_3 + \sim CH_2{-}\overset{(+)}{CH}\sim$$

Diese Reaktion ist thermochemisch gut fundiert.

Daß auch eine Übertragung aus einem Lösungsmittelmolekül heraus erfolgen kann, sei nebenbei bemerkt. Es führt zu verhältnismäßig kurzen Molekülen und Einbau der Bestandteile des Lösungsmittels, ein Vorgang, den man als Telomerisation bezeichnet hat.

Mit diesen vorhin mitgeteilten Formulierungen glaubt man das Auftreten von kurzen, ungesättigten, gesättigten und verzweigten Polymeren bei der kationischen Polymerisation erklärt zu haben. Echte Abbruchreaktionen mit Vernichtung des Reaktionskeimes sind wohl selten und finden wohl nur durch Aufnahme des Katalysators oder eines Teils von ihm durch kovalente Bindung statt:

$$\sim\!\mathrm{CH_2{-}CHX^{(+)}} + \overset{(-)}{\mathrm{S}} \longrightarrow \sim\!\mathrm{CH_2{-}CHXS}$$

Jedenfalls kann man im Endprodukt Bestandteile des Katalysators, z. B. Aluminium, nachweisen.

Physikochemiker haben die Vorgänge dieser Übertragungs- und Neutralisationsreaktionen energetisch und kinetisch durchgerechnet, haben Sätze und Gesetze in bewundernswerter klarer mathematischer Formulierung aufgestellt und kommen damit zu dem Resultat, daß solche Umsetzungen bei diesen Kettenreaktionen durchaus möglich sind.

Der *Organiker* möchte aber in allen Fällen die *Verbindungen*, die sich dabei bilden, in der Hand haben und ihre Konstitution eindeutig nach seinen bewährten Methoden bestimmen.

Nun ist das sicher nicht einfach, denn es entsteht bei der kationischen Polymerisation ein unabsehbares Gemisch von allen möglichen Verbindungen, weil die eben angeführten Reaktionen nebeneinander herlaufen. Und je höher molekular die Verbindungen sind, desto schwieriger, ja schließlich unmöglich wird die Isolierung von Individuen. Man muß sich also auf die Untersuchung der Niedermolekularen beschränken, die aber gemäß der bekannten Verteilungsfunktion nur in geringer Menge anfallen. Im Laboratorium, wo schon die Ausgangsmengen klein sind, kommt man da nicht weiter; jedenfalls sind meine Versuche in dieser Richtung fehlgeschlagen.

Es gibt hier aber Ausnahmen. Eine davon habe ich selber vor 15 Jahren bearbeitet. Das ist die Polymerisation von Isobutylen mit Hilfe von Schwefel- oder Phosphorsäure in der Gasphase. Sie führt nämlich nur zu einer Dimerisierung, in verschwindender Menge zu einer Trimerisierung. Hier wäre also das Beispiel einer Ladungs-Übertragung auf ein Monomeres oder einer Katalysator-Regeneration, nachdem erst zwei oder drei Moleküle zusammengetreten sind (s. S. 9):

Wenn es uns nun beim Äthylen, wo die Verhältnisse bei der Isolierung und Identifizierung von Oligomeren besonders einfach liegen sollten, im Laboratorium nicht gelingt, genügende Mengen Niederpolymere zu erhalten, so steht einem die Industrie zur Verfügung, in der Äthylen kationisch polymerisiert wird. Dort, wo man tonnenweise das Hochpolymere herstellt, müßten kilogrammweise Niederpolymere anfallen. Also habe ich mich an Leuna gewandt, wo solch eine Produktion stattfindet, und habe mir den Vorlauf des Polymerisats destillativ herausgeschnitten und nun versucht, durch fraktionierte Destillation, durch chromatographische Methoden usw. Individuen zu

Tabelle 1[1])

1.	n-Pentan	14.	1,1,2-Trimethylcyclopentan
2.	2-Methylbutan	15.	1-Methyl-1-äthylcyclopentan
3.	2-Methylpentan	16.	Isopropylcyclopentan
4.	2-Methylhexan	17.	n-Propylcyclopentan
5.	2-Methylheptan	18.	1-Methyl-2-propylcyclopentan
6.	3-Methylpentan	19.	Äthylcyclohexan
7.	3-Methylhexan	20.	(2-Cyclopentyl-pentan)
8.	3-Methylheptan	21.	(3,3-Dimethylhexan)
9.	3-Methylnonan	22.	(cis 1,2-Dimethylcyclohexan)
10.	2,4-Dimethylhexan	23.	(cis 1,3-Dimethylcyclohexan)
11.	2,5-Dimethylhexan	24.	(trans 1,4-Dimethylcyclohexan)
12.	2,3-Dimethylhexan	25.	(1-Methyl-1-propylcyclopentan)
13.	Methylcyclopentan	26.	(1-Methyl-1-butylcyclopentan)

Die in Klammern aufgeführten Verbindungen sind nicht mit Sicherheit nachgewiesen.

[1]) Erdöl und Kohle **7**, 281 (1954).

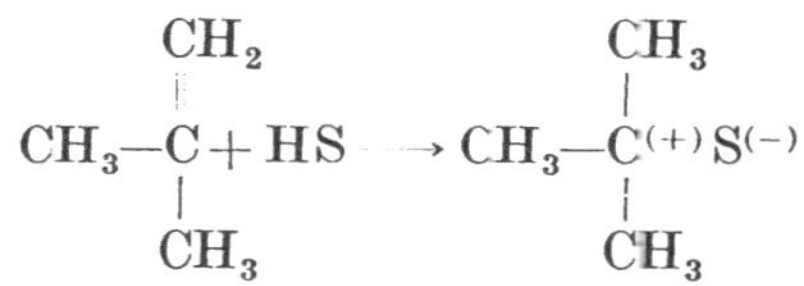

Ionenbildung

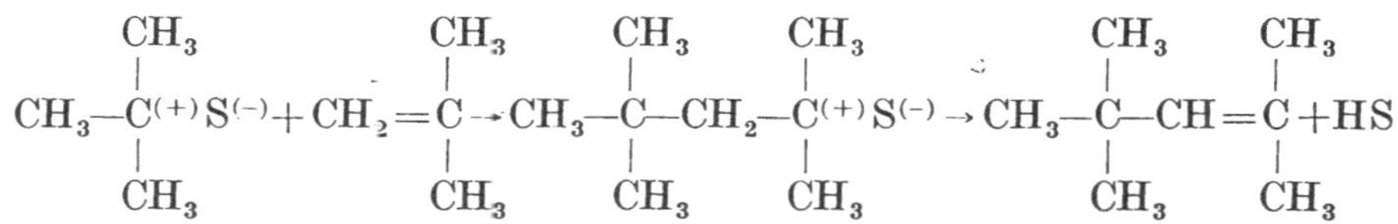

Katalysatorregeneration

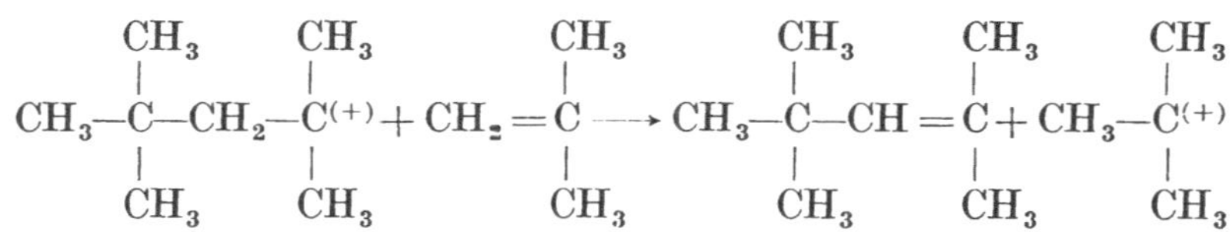

Übertragungsreaktion

isolieren und dann ihre Entstehung mit den vorher dargelegten Theorien zu erklären. — Auf die Einzelheiten der Isolierung und Identifikation, bei der Ultrarot- und Ramanspektra eine große Rolle spielten, gehe ich hier nicht ein.

Es fällt erstens auf, daß alle Verbindungen *gesättigt* sind. Das heißt: die Reaktion, die ich als Regeneration des Katalysators (7) oder als Neutralisation (8, 9) bezeichnet habe, sind bevorzugt.

Zweitens kommen Verbindungen mit *ungerader* Zahl Kohlenstoffatome vor. Diese können nur infolge Neutralisation durch ein Methidion (9) entstanden sein, daß also eine Methyl-Gruppe das wachsende Ion neutralisiert hat.

Wie kommt aber die Methyl-Gruppe in die 2-Stellung? Dazu hilft nun die gute alte MARKOWNIKOW-Regel, die ja besagt, daß bei Anlagerung von Halogenwasserstoff an eine Doppelbindung das Halogen immer dahin geht, wo der wenigste Wasserstoff an Kohlenstoff steht. Da Halogen negativ geladen ist, muß der Kohlenstoff an dieser Stelle bevorzugt positiv geladen sein. Es tritt also folgende Verschiebung von einem Proton und damit der Ladung sicher sehr leicht ein:

(10)

$$\sim CH_2{-}CH_2{-}CH_2^{(+)} \longrightarrow \sim CH_2{-}\overset{(+)}{C}H{-}CH_3 \xrightarrow{\overset{(-)}{CH_3}} \sim CH_2{-}\overset{\displaystyle CH_3}{\overset{|}{C}H}{-}CH_3$$

Und damit kann bei einer Neutralisation des Ions durch eine abgespaltene Methyl-Gruppe diese in 2-Stellung und schließlich auch in 3-Stellung usw. vor sich gehen. Man kann sich aber jede Methyl-Gruppe in einer Verbindung mit gerader Anzahl C-Atome auch so entstanden denken, daß nach Wanderung der Ladung vom Ende in die 2-Stellung dort das Molekül weiter wächst. Also etwa so:

(11)

$$\begin{array}{l} CH_3{-}CH_2{-}CH_2{-}CH_2^{(+)} \longrightarrow \\ \longrightarrow CH_3{-}CH_2{-}\overset{(+)}{C}H{-}CH_3 \xrightarrow{CH_2=CH_2} CH_3{-}CH_2{-}\underset{\underset{\underset{{}^{(+)}CH_2}{|}}{\underset{CH_2}{|}}}{C}H{-}CH_3 \end{array}$$

Zum dritten sind cyclische Verbindungen entstanden. Wie ist das möglich? Wir stellen uns den Reaktionsmechanismus so vor, daß die wachsende Kette bei ihrer thermischen Schwingung auf ein eigenes Kettenglied stößt und dort ein Proton abreißt, das zur Regeneration des Katalysators verbraucht wird:

(12) 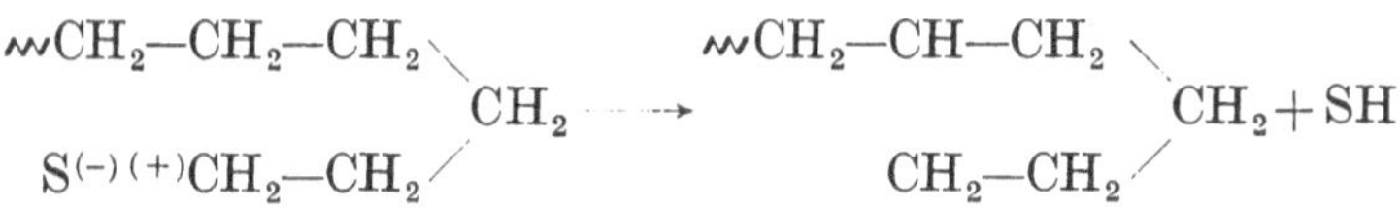

Es werden hauptsächlich Cyclopentane gebildet, wie sich das aus einer Wahrscheinlichkeitsüberlegung ergibt. Bei Schwingung des Kettenschwanzes stößt er zuerst auf das C-Atom Nr. 5, dann auf Nr. 6 und das Treffen der übrigen C-Atome der Kette ist gleichmäßig unwahrscheinlich.

Die anderen angeführten Verbindungen kann man nach den angeführten Reaktionsschemata alle ableiten. Dieses im einzelnen hier auszuführen, würde zu weit führen. Aber ein von amerikanischer Seite angeführter Gesichtspunkt sei noch erwähnt. Der Zusammenstoß der Spitze mit dem C-Atom Nr. 5 könnte auch zu einer *Übertragungs-Reaktion* führen, daß die Ladung auf das C-Atom Nr. 5 übertragen und gegen ein Proton eingetauscht wird:

(13) 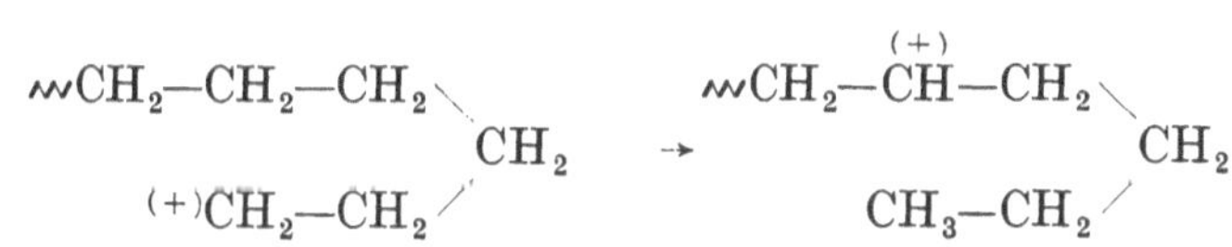

Die Kette wächst am C-Atom Nr. 5 weiter und wir haben an dieser Stelle dann einen Butyl-Rest hängen, wie man diesen, übrigens auch den Amyl-Rest, häufig in den Äthylen-Polymerisaten findet.

Jedoch *alle* diese verschiedenen verzweigten Derivate, teilweise mit einer ungeraden Zahl von Kohlenstoffatomen, kann man sich nur erklären, wenn noch eine besondere Annahme gemacht wird: Der Katalysator kann offenbar nicht nur durch Aufnahme eines Protons, sondern auch einer Methyl-Gruppe regenerieren. Also z. B.:

$$(14)\quad \sim CH_2{-}CH_2{-}CH_2^{(+)}AlCl_4^{(-)} \longrightarrow \sim CH_2{=}CH_2 + CH_3AlCl_4$$

oder so:

$$(15)\quad \begin{array}{l} \sim CH_2{-}CH_2{-}CH_2^{(+)}AlCl_4^{(-)} \\ \quad\quad \wr \\ + \; CH{-}CH_3 \longrightarrow \sim CH_2{-}CH_2{-}CH_2{-}\underset{\wr}{\overset{\wr}{C}}H + CH_3AlCl_4 \\ \quad\quad \wr \end{array}$$

Alkyl-aluminium-Verbindungen sind bekannt. Mit ihr könnte jetzt folgender Start stattfinden:

$$(16)\quad CH_2{=}CH_2 + CH_3AlCl_4 \longrightarrow CH_3{-}CH_2{-}CH_2^{(+)}AlCl_4^{(-)},$$

der auch zu einem Kohlenwasserstoff mit einer ungeraden Anzahl von Kohlenstoffatomen führt. Nach Ladungsverschiebung würden die häufig vorkommenden Derivate mit einer Methyl-Gruppe an einem geradzahligen C-Atom ihre Erklärung finden:

$$(17)\quad CH_3{-}CH_2{-}CH_2^{(+)} \longrightarrow CH_3{-}\overset{(+)}{C}H{-}CH_3 \longrightarrow CH_3{-}\overset{\displaystyle CH_3}{\overset{|}{C}H}{-}CH_3$$

Jetzt wäre nur noch auf die *anionische Polymerisation* einzugehen. Wir können uns kurz fassen, denn darüber ist bisher außerordentlich wenig bekannt. Man kennt nur die Resultate einer solchen Polymerisation in Form von überraschend regelmäßig gebauten und sehr großen Makromolekülen. Der Grund dafür ist meines Erachtens, daß die leichte Ladungswanderung und damit die Übertragungsreaktionen der Kationen-Polymerisation hier nicht oder nur sehr selten vorkommen.

Wie ist das z. B. beim Propylen?

Unter dem Einfluß von Lithium-hydrid wird die Ladungsverschiebung so vor sich gehen, daß die negative Ladung an das Kohlenstoffatom geht, wo der meiste Wasserstoff steht (MARKOWNIKOW!):

$$
\begin{array}{ll}
\mathrm{CH}=\mathrm{CH_2}+\mathrm{LiH}\longrightarrow & \mathrm{CH_2}\!-\!\mathrm{CH_2}^{(-)}\,\mathrm{Li}^{(+)} \\
| & | \\
\mathrm{CH_3} & \mathrm{CH_3}
\end{array}
\tag{18}
$$

Und dort am primären Kohlenstoffatom bleibt die Ladung während der Polymerisation stehen und hat gar keine Tendenz, an ein sekundäres oder gar tertiäres Kohlenstoffatom der eigenen Kette oder beim Zusammenstoß mit anderen Ketten dorthin überzutreten. Alle die im ersten Teil dargelegten Reaktionen, die zu kleinen Molekülen, zu verzweigten oder cyclischen Molekülen führen, fallen hier weg und statt dessen haben wir hochmolekulare Gebilde von gleichmäßigster Bauart, die ja, wie Sie wissen, in der neusten Entwicklung der technischen Kunststoffsynthese eine solche Rolle spielen.

BERICHTE ÜBER DIE VERHANDLUNGEN DER SÄCHSISCHEN AKADEMIE DER WISSENSCHAFTEN ZU LEIPZIG

MATHEMATISCH-NATURWISSENSCHAFTLICHE KLASSE

Band 97

Heft 1 Prof. Dr. ERICH STRACK / Beobachtungen über den endogenen Anteil des Kot-Stickstoffs
24 Seiten — 8° — 1949 — DM 2,50 (vergriffen)

Heft 2 Prof. Dr. ERNST HÖLDER / Über die Variationsprinzipe der Mechanik der Kontinua
13 Seiten — 8° — 1950 — DM 2,75 (vergriffen)

Heft 3 Dr. H. GERSTNER / Dr. H. BAARK / Dr. H. GRAUL / Der Wechselstromwiderstand der Froschhaut
25 Seiten — 8° — 1950 — DM 2,75

Heft 4 Prof. Dr. HERBERT BECKERT / Existenz- und Eindeutigkeitsbeweise für das Differenzenverfahren zur Lösung des Anfangswertproblems, des gemischten Anfangs-Randwert- und des charakteristischen Problems einer hyperbolischen Differentialgleichung zweiter Ordnung mit zwei unabhängigen Variablen
42 Seiten — 8° — 1950 — DM 9,— (vergriffen)

Heft 5 Prof. Dr. HERBERT BECKERT / Über quasilineare hyperbolische Systeme partieller Differentialgleichungen erster Ordnung mit zwei unabhängigen Variablen. Das Anfangswertproblem, die gemischte Anfangs-Randwertaufgabe, das charakteristische Problem
68 Seiten — 8° — 1950 — DM 14,50 (vergriffen)

Heft 6 Prof. Dr.-Ing. ENNO HEIDEBROEK / Das Verhalten von zähen Flüssigkeiten, insbesondere Schmierflüssigkeiten, in engen Spalten
Nachdruck — 40 Seiten — 24 Abbildungen — 8° — 1952 — DM 5,80

Heft 7 Prof. Dr. HANS SCHUBERT / Über eine lineare Integrodifferentialgleichung mit Zusatzkern
52 Seiten — 8° — 1950 — DM 9,25 (vergriffen)

Heft 8 Dipl. phys. HELMAR KRUPP / Bestimmung der allgemeinen Lösung der Schrödinger Gleichung für Coulomb-Potential
28 Seiten — 8° — 1950 — DM 5,50 (vergriffen)

Band 98

Heft 1 Prof. Dr. WALTER SCHNEE / Über magische Quadrate und lineare Gitterpunktprobleme
48 Seiten — 8° — 1951 — DM 4,65 (vergriffen)

Heft 2 Prof. Dr.-Ing. ENNO HEIDEBROEK / Über die Beziehungen zwischen Schmierung und Verschleiß bei geschmierter Gleitreibung
Nachdruck — 36 Seiten — 5 Abbildungen — 8° — 1954 — DM 2,75

Heft 3 Prof. Dr.-Ing. e. h. KARL KEGEL / Der Salzstock Mirowo bei Provadia in Bulgarien
20 Seiten — 9 Abbildungen — 8° — 1951 — DM 3,— (vergriffen)

Heft 4 Prof. Dr. HERBERT BECKERT / Prof. Dr. HANS SALIÉ / Bemerkungen über die Verbiegung hyperbolisch gekrümmter Flächenstücke / Über Abels Verallgemeinerung der binomischen Formel
22 Seiten — 2 Abbildungen — 8° — 1951 — DM 2,25

Heft 5 Prof. Dr. ERICH STRACK / Die Dauerinfusion als Verfahren zur Erforschung des Kohlenhydratstoffwechsels des Tierkörpers
20 Seiten — 8° — 1952 — DM 2,—

Band 99

Heft 1 Prof. Dr. HEINRICH BRANDT / Über das quadratische Reziprozitätsgesetz
18 Seiten — 8° — 1951 — DM 1,70 (vergriffen)

Heft 2 Prof. Dr. GEORG SPACKELER / Der Gebirgsdruck und seine Beherrschung durch den Bergmann
36 Seiten — 12 Abbildungen — 8° — 1951 — DM 1,65 (vergriffen)

Heft 3 Prof. Dr. ERNST DIEPSCHLAG / Die Anwendbarkeit der Regelungstechnik in der Hüttenindustrie
38 Seiten — 12 Abbildungen — 8° — 1952 — DM 3,90

Heft 4 Prof. Dr. ALBERT FROMME / Die Bedeutung der Entwicklungsgeschichte, besonders des Mesenchyms für die Klinik
24 Seiten — 8° — 1952 — DM 1,75 (vergriffen)

Heft 5 Dr. ROBERT BÖKER / Die Entstehung der Sternsphäre Arats
68 Seiten — 4 Abbildungen — 2 Ausschlagtafeln — 3 Tabellen — 8° — 1952 — DM 5,60

Band 100

Heft 1 Prof. Dr. HEINRICH BRANDT / Über Stammfaktoren bei ternären quadratischen Formen
24 Seiten — 8° — 1952 — DM 2,25

Heft 2 Dr. PAUL GÜNTHER / Zur Gültigkeit des Huygens'schen Prinzips bei partiellen Differentialgleichungen vom normalen hyperbolischen Typus
43 Seiten — 8° — 1952 — DM 5,—

Heft 3 Dr. ALFRED MÜLLER / Die Schaubarkeit in der Axonometrie
22 Seiten — 3 Ausschlagtafeln — 8° — 1952 — DM 3,—

Heft 4 Prof. Dr.-Ing. ENNO HEIDEBROEK / Die Beziehungen zwischen Härte, Schmierung und Verschleißfestigkeit
Nachdruck — 40 Seiten — 10 Abbildungen — 8° — 1954 — DM 3,40 (vergriffen)

Heft 5 Prof. Dr. ROBERT SCHRÖDER / Frauenheilkunde in Forschung und Praxis
22 Seiten — 8° — 1952 — DM 1,35

Heft 6 Dr. ROLF REISSIG / Die pandiagonalen Quadrate vierter Ordnung
54 Seiten — 8° — 1952 — DM 5,—

Heft 7 Prof. Dr. MAX ROBITZSCH † / Die Erforschung der Atmosphäre, ihre Methodik und ihre Probleme
30 Seiten — 12 Abbildungen — 4 Kunstdrucktafeln — 8° — 1953 — DM 2,50

Band 101

Heft 1 Prof. Dr. KURT SCHWABE / Periodische Erscheinungen bei der anodischen Auflösung des Zinks
33 Seiten — 14 Abbildungen — 8° — 1954 — DM 3,—

Heft 2 Dr. UDO PIRL / Positive Lösungen einer nichtlinearen Integralgleichung
44 Seiten — 2 Abbildungen — 8° — 1953 — DM 4,—

Heft 3 Dr. JOACHIM FOCKE / Asymptotische Entwicklungen mittels der Methode der stationären Phase
Nachdruck — 48 Seiten — 8° — 1957 — DM 4,80

Heft 4 Prof. Dr. HANS SALIÉ / Zur Verteilung natürlicher Zahlen auf elementfremde Klassen
26 Seiten — 8° — 1954 — DM 2,50

Heft 5 Prof. Dr.-Ing. ENNO HEIDEBROEK / Die Verantwortlichkeit des Ingenieurs
22 Seiten — 8° — 1954 — DM 1,—

Heft 6 Prof. Dr. HANS SCHUBERT / Dr. ERICH SCHINCKE / Zur Ermittlung von Unterschallströmungen mit der Transformationsmethode bei quadratischer Approximation der Adiabate
32 Seiten — 6 Abbildungen — 2 Tabellen — 8° — 1955 — DM 2,30

Heft 7 Dr. HELMUT SCHAEFER / Neue Existenzsätze in der Theorie nichtlinearer Integralgleichungen
40 Seiten — 8° — 1955 — DM 2,40

Band 102

Heft 1 Dr. PAUL GÜNTHER / Über einige spezielle Probleme aus der Theorie der linearen partiellen Differentialgleichungen zweiter Ordnung
50 Seiten — 8° — 1957 — DM 4,60

Heft 2 Prof. Dr. HANS SCHUBERT / Dr. ERICH SCHINCKE / Zum Konturproblem der Hodographenmethode im Unterschall *In Vorbereitung*

Bestellungen durch **eine Buchhandlung** erbeten

AKADEMIE-VERLAG · BERLIN

Zeitfracht Medien GmbH
Ferdinand-Jühlke-Straße 7
99095 Erfurt, Deutschland
produktsicherheit@kolibri360.de